Jean-Henri Fabre

法布尔昆虫记

战争狂橘红悍蚁、窃食者蜂麻蝇与嗜尸者麻蝇

〔韩〕高苏珊娜◎编著　　　〔韩〕金世镇◎绘　　李明淑◎译

北京科学技术出版社
100层童书馆

序

　　法布尔是一位杰出的昆虫学家，也是一位优秀的文学家。19 世纪末至 20 世纪初，法布尔捧出了一部《昆虫记》，世界响起了一片赞叹之声，这片赞叹声一响就是 100 多年，直到今天！

　　《昆虫记》语言朴素却不失优美，法布尔把一部严肃的学术著作写成了优美的散文，人们不仅能从中获得知识，更能获得一种美的享受，并由衷地对大自然产生深深的爱！

　　作为一位昆虫学家，一位用心去观察、用爱去感受的昆虫学家，法布尔的科学研究是充满诗意的。他不把昆虫开膛破肚，而是充满爱心地在田野里观察它们，跟它们亲密无间。他用诗人的语言描绘这些鲜活的生命，昆虫在他的笔下是生动、美丽、聪慧、勇敢的，他说他在"探究生命"，目的是"让人们喜欢它们"。他的心如同孩童般纯真，他的文字也充满想象力和感染力。他要让厌恶昆虫的人知道，这些微不足道的小虫子有许多神奇的本领，它们勇于接受大自然的考验，努力在这个世界上争得生存的空间。

　　北京科学技术出版社出版的这套改编的儿童版"法布尔昆虫记"换了一种方式来呈现这部科学经典。这套书用简洁的语言、精美的彩图、生动的故事情节描绘法布尔原著中具有代表性的昆虫，讲述它们的故事，展现它们的个性，处处流露出作者对它们的喜爱。我向小朋友们推荐这套彩图版"法布尔昆虫记"，是因为它语言非常优美，且所描绘的昆虫形象栩栩如生，小朋友们可以透过文字了解它们的喜怒哀乐。故事兼具科学性和趣味性，能够激发小朋友们的阅读兴趣和对大自然的好奇心，培养他们尊重生命、亲近自然、热爱科学的精神！

　　最后，希望北京科学技术出版社出版更多、更好的儿童科普书，同时也祝愿我国的儿童科普事业蓬勃发展！

中国科学院院士

张广学

蚂蚁和苍蝇的世界

　　蚂蚁和苍蝇是我们日常生活中很常见的昆虫，大家都有过无意间踩死蚂蚁，或是在房间里抓苍蝇的经历吧！

　　虽然蚂蚁和苍蝇都是很不起眼的小昆虫，但是它们却拥有神奇的本领。除了找路、打架、搬运重物，就连吃东西的方法都有很多种。

　　你知道在蚂蚁的世界中，也有奴隶和主人吗？

　　蚂蚁们会为争夺奴隶发动战争。不管遇到什么情况，蚂蚁都能带着抢掠的奴隶找到回家的路。

　　不知道你有没有想过，如果没有苍蝇，世界会变成什么样呢？苍蝇向来被人们认为是肮脏的害虫，其实它们对我们的世界很重要。

　　读完蚂蚁和苍蝇的故事后，你就能明白不管是多么微不足道的昆虫，都是自然界重要的组成部分，从而更能体会到生命的可贵。

目录

战争狂——橘红悍蚁

法布尔想研究橘红悍蚁如何寻找回家的路，

但是，等待橘红悍蚁外出抢掠奴隶需要很长时间，

所以，法布尔打算请 7 岁的孙女露西

担任自己的小助手。

露西听了爷爷讲的蚂蚁的故事后，

非常喜欢观察蚂蚁。

有一天，露西跑过来对法布尔说：

"爷爷，快走，橘红悍蚁正往黑蚂蚁家冲呢！

我在橘红悍蚁走过的路上用白色小石子做了记号！"

露西模仿法国童话故事《糖果屋》里的"汉森"

沿路丢鹅卵石的方式，

在橘红悍蚁走过的路上放了白色小石子。

有了聪明认真的小助手露西的帮忙，

法布尔顺利地观察到了橘红悍蚁。

可怜的奴隶

"小的们！我快饿昏了，

还不快把食物端过来！"

一只橘红悍蚁气呼呼地命令黑蚂蚁拿食物给她吃。

这时候，身为奴隶的黑蚂蚁

连忙过来伺候橘红悍蚁吃饭。

只见这只橘红悍蚁像婴儿似的，

张开嘴巴一口一口地吃着黑蚂蚁喂给她的食物。

"我不是叫你们把家打扫干净吗？

你们到底在干什么？

还有，孩子们喂过了吗？"

橘红悍蚁一边吃东西，

一边不停地指使黑蚂蚁干这干那。

"哼，自己不会找食物不说，
连吃东西都要人家喂，整天就会训斥人！"
黑蚂蚁一边伺候橘红悍蚁，一边在心里嘀咕。
"你能不能好好喂？没看见吃的都掉出来了吗？"
"对不起，主人。"
面对橘红悍蚁的训斥，黑蚂蚁不停地鞠躬道歉。

从早到晚都不能休息，
事情多得一整天也做不完，
我们是黑蚂蚁，
可怜的奴隶。

父母还活着吗？
弟弟妹妹们过得好吗？
虽然又累又委屈，
但却无法逃走，
因为可怕的橘红悍蚁
天天监视着我们。

从小到大，
一直到老死为止，
都要忠诚于橘红悍蚁，
为橘红悍蚁做事。
我们是黑蚂蚁，
可怜的奴隶。

黑蚂蚁觉得身为奴隶很可怜。

橘红悍蚁不但不会照顾自己的孩子，

连放在眼前的食物也不会吃。

干家务和寻找食物的活儿

也都要黑蚂蚁替她们去做。

橘红悍蚁会做的事情只有打仗。

她们打起仗来

比世界上其他任何蚂蚁都勇敢、凶猛。

"赶快把这些食物搬进仓库！"

"是，主人。"

　　橘红悍蚁觉得最近黑蚂蚁干活不如从前了。

　　"这群奴隶太老了，

　　都快到老死的年龄了。"

　　黑蚂蚁的寿命并不是很长，

　　所以橘红悍蚁必须去抢掠新的奴隶。

　　"看来我们需要再次发动战争！"

　　经过讨论，

　　橘红悍蚁决定出发去抢掠新的奴隶。

"开战啦！橘红悍蚁准备战斗！"

橘红悍蚁做好了开战前的准备，

她们要攻打黑蚂蚁的窝。

这是一场抢掠新奴隶的战斗，

橘红悍蚁会把黑蚂蚁的蛹抢回去，

等蛹变为成虫，

让她们做自己的奴隶。

在炎炎夏日的午后，

经常可以看到橘红悍蚁远征的队伍。

橘红悍蚁排成整齐的队列前进，

队伍长度则有五六米。

每次出征，队伍里通常有500只以上的橘红悍蚁士兵，

如同人类列队前进。

"向前看齐！齐步走！一、二，一、二……"

伴随着队长的口令，橘红悍蚁士兵们排好队出发了。

"前方发现一个疑似黑蚂蚁窝的洞穴！"

走在最前面的先遣队队员向队长报告。

"准备战斗！"

队伍迅速散开了，

到处都是嘈杂的嗡嗡声。

"侦察兵，赶快去侦察，
看那究竟是不是黑蚂蚁的窝！"
侦察兵们迅速跑到前方察看。
仔细侦察后，她们向队长报告：
"不是，是个什么都没有的洞穴。"
"好！大家继续列队前进！"
队长一声令下，
队伍继续前进。
"来吧！大家一起唱军歌吧！"
刚刚散开的队伍重新排列整齐，
嘹亮的军歌声开始在草地上空回荡。

我们喜欢战争！
我们热爱打仗！
我们是勇敢的橘红悍蚁！

前进！前进！
没有人能阻挡我们！
我们是强壮的橘红悍蚁！

不怕遥远的路途，
不怕残酷的战争，
我们是真正的军人！

橘红悍蚁军团排着整齐的队伍继续前进，

不一会儿，她们来到了池塘边。

橘红悍蚁士兵们小心翼翼地沿着池塘行进，

没想到，这时突然刮起了一阵强风。

"哎呀！大家小心！不要掉到池塘里！"

许多橘红悍蚁士兵被强风吹进了池塘。

池塘里的金鱼们高兴地蜂拥而上，

他们张开大大的嘴巴，

一口一口吞吃着掉到池塘里的橘红悍蚁。

失去战友的橘红悍蚁非常伤心，

但是她们绝不会就这样放弃。

"大家打起精神来！

意外随时可能出现，

别泄气，继续前进！"

橘红悍蚁重新排好队，

勇敢地前行。

虽然在家里，如果没有黑蚂蚁帮忙，

橘红悍蚁是什么都不会做甚至有些愚蠢的懒蛋；

但是，在战场上，

她们却是勇敢的战士！

通常，橘红悍蚁会选择进攻离家比较近的黑蚂蚁窝，

但有时不得不进攻远处的黑蚂蚁窝，

偶尔甚至要去 100 米开外的地方。

寻找黑蚂蚁窝

要经历许多艰辛，

例如，要走过凹凸不平的路，跨过厚厚的枯叶堆，

有时甚至还要爬过好几米高的城墙。

但是，橘红悍蚁从不半途而废，

再累也坚持前行。

"前方发现了黑蚂蚁窝！"

听了侦察兵的报告，

队长大声发号施令：

"准备战斗！大家一起攻进去！"

这时候后面的橘红悍蚁也都赶来了，

她们一起向黑蚂蚁窝冲了过去。

黑蚂蚁窝里顿时一片混乱。

突然遭遇 500 多只橘红悍蚁的进攻，

黑蚂蚁完全乱了阵脚。

"橘红悍蚁冲进来了！准备战斗！

保护好我们的孩子！"

为了保护自己的家族，

黑蚂蚁勇敢地与橘红悍蚁展开了战斗。

有些黑蚂蚁赶紧用泥土堵住

橘红悍蚁进攻的入口；

有些黑蚂蚁全力用身体护住宝宝；

还有一些黑蚂蚁勇敢地与橘红悍蚁

面对面展开决斗。

但是，不论这些黑蚂蚁怎么奋力抵抗，

仍是于事无补。

因为橘红悍蚁比黑蚂蚁力气大得多，

她们最终大获全胜。

橘红悍蚁并不会把黑蚂蚁打死，

而会用强健的大颚咬住黑蚂蚁，

将她们扔到蚂蚁窝外面去。

"你们这些强盗，干脆杀了我们！"

宝宝被抢走的黑蚂蚁们

朝橘红悍蚁大声地哭喊。

但是，橘红悍蚁只是哈哈大笑着说：

"嘿嘿！那可不行！

我们不会杀死你们，

等你们的幼虫变成蛹，

我们还会再来的！"

的确，就像橘红悍蚁所说的，

黑蚂蚁还要继续养育宝宝，

她们一直过着担惊受怕的日子。

黑蚂蚁心里非常清楚，

橘红悍蚁还会再来抓黑蚂蚁宝宝回去当奴隶。

"好，大家都咬紧蛹，

准备回家了！出发！"

每只橘红悍蚁嘴里都咬着一只黑蚂蚁的蛹，

她们重新整装列队，踏上了回家的路。

橘红悍蚁完全按照来时的那条路返回。

不论来时的路多么难走或危险，
她们还是会选择同样的路回家，
即使旁边就有一条既安全又平坦的路，
她们也不会改变路线。
因此，了解橘红悍蚁习性的金鱼
正耐心地等待着她们！

"小鳞，橘红悍蚁刚才死了那么多伙伴，

她们还会从池塘边走吗？"

"别担心，小鳍，不管发生什么事，

橘红悍蚁都会沿相同的路线回家。"

池塘里的金鱼一边游玩一边等待着。

终于，橘红悍蚁的队伍出现了。

只见每只橘红悍蚁的嘴里都叼着一个白色的蛹，

她们小心翼翼地走过池塘边。

橘红悍蚁在心里默默地祈祷着不要刮风，
但是，当队伍快要走过池塘时，
突然又刮起了一阵强风。

跟在后面的橘红悍蚁
全都被风吹得扑通扑通地掉进了池塘。
即使掉进了池塘，
她们也不肯丢掉嘴里的蛹。

"哇！这次还可以吃到蛹呢！"
池塘里的金鱼一边喊，一边游了过来，
大口大口地将橘红悍蚁
连同黑蚂蚁的蛹一起吞进了肚子里。
没有遭遇不幸的橘红悍蚁仍然排好队，
继续向前走。
"虽然今天我们失去了很多伙伴，
但是，不管多危险，我们也要坚持下去，
如果离开现在的路线，
我们只有死路一条，大家加油！"
队长激励沉浸在悲痛中的士兵们。

又走了一段路，

眼前出现了一条先前经过时没有的小溪。

虽然这只是一条很窄的溪流，

但对蚂蚁来说，却像一条宽广的大河，

"好宽的河呀！我们怎么过去呢？"

橘红悍蚁们停在小溪前

交头接耳地议论起来。

后面的橘红悍蚁也赶了上来，队伍乱了套。

"不管怎样，我们一定要穿过去，
大家都跟着我！"
以胆子大而出名的阿勇挺身而出，
走在了最前面。

阿勇咬着蛹

扑通一声跳进了水里，

但是，她很快就被溪水冲走了。

跟着阿勇跳进水里的橘红悍蚁

也全都被溪水冲走了。

"我宁愿死也不丢掉这只蛹！"

阿勇紧咬着蛹，奋力游起来。

阿勇好不容易爬上了小溪中间的石头，
她找到了一条从石头上面通过的路线。
阿勇的勇气鼓舞了其他橘红悍蚁，
大家也纷纷跳进了水里。
有些运气好的橘红悍蚁
刚好爬到了漂流的叶子上，
平安地过了小溪。

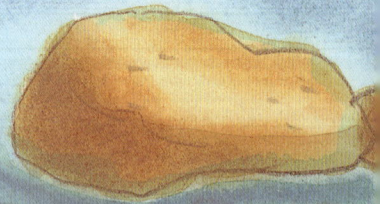

还有一些橘红悍蚁把两岸倒在小溪里的草当作小桥，

摇摇晃晃地过了小溪。

大部分橘红悍蚁都勇敢地穿过了小溪，

而且，即便如此艰难，

也没有一只橘红悍蚁丢掉嘴里的蛹。

但是，也有一些橘红悍蚁被水冲到了两三米远的地方，

她们急得不知道如何是好。

安全穿过小溪的橘红悍蚁

继续往家的方向前进。

忽然，一张随风吹来的报纸挡住了她们的路。

"紧急情况！紧急情况！

前方出现了奇怪的新大陆！"

"之前我们来的时候，根本没到过这个地方啊！"

前面的橘红悍蚁看到那张巨大的报纸，

全都吓坏了。

后面的橘红悍蚁也纷纷跑上前来，

停在了报纸前。

"怎么办？我们好像迷路了！"
橘红悍蚁们面面相觑，担忧地说。
"大家别担心，
我和侦察兵一起去看一看。"

阿勇和侦察兵一起来到报纸前，

她们仔细看了看报纸的两边，

不知道该撤退还是该继续前进，

左右为难。

"嗯，这块新大陆底下好像有我们的气味，

这条路的确是我们先前走过的路。"

侦察兵跳到报纸上，

一边闻味道，一边兴奋地说：

"下面真有我们的气味，

这一定是我们走过的路，

我们必须穿过这片土地！"

听了侦察兵的话，

橘红悍蚁们决定跟着她们穿过报纸。

橘红悍蚁穿过报纸，

重新排好队继续前进。

蚂蚁不管遇到什么障碍，

都能找到原来的路，

那是踪迹信息素的功劳。

因为在地面爬行时，

蚂蚁尾部会分泌一种物质，

她们就靠这种物质的指引找寻回家的路。

这种物质就叫踪迹信息素。

就算道路被报纸盖住或是被水冲洗过，

对蚂蚁来说也不成问题。

只要地面留有少量踪迹信息素，

她们就可以闻到自己留下的气味。

"哇！终于到家了，我们这次是凯旋呀！"

历经了艰难险阻的橘红悍蚁，

享受着黑蚂蚁的服侍，

舒舒服服地休息了。

橘红悍蚁抓来的白色的蛹

很快就会变为成虫。

橘红悍蚁即将拥有一批新奴隶。

那些黑蚂蚁一变为成虫就是橘红悍蚁的奴隶，
终身都要伺候橘红悍蚁。
黑蚂蚁难以摆脱她们可怜的奴隶生活，
橘红悍蚁抢掠奴隶的战争还将继续上演！

窃食者——蜂麻蝇
和嗜尸者——麻蝇

法布尔从小就有很多愿望。

其中一个愿望就是，家附近有一方池塘，

这样他就可以每天在池塘边观察昆虫。

还有一个愿望是，可以仔细观察

鼹鼠或者蛇等动物尸体旁的昆虫。

为了实现第二个愿望，

法布尔着手收集动物尸体，

并拜托住在附近的孩子帮他寻找。

"什么动物都可以，只要帮我找到动物尸体，

我就奖励你们饼干或者硬币！"

因此，孩子们争先恐后地

给法布尔找来了许多动物尸体。

有的孩子用木棍挑着蛇的尸体，

有的孩子用卷心菜的叶子包着蜥蜴的尸体。

有的孩子甚至送来了被捕鼠器夹到的老鼠、病死的小鸡、

被打死的鼹鼠和被毒死的兔子等。

很快，法布尔家的院子里就堆满了

动物尸体，

这着实吓坏了邻居们。

但实现了愿望的法布尔却感到无比开心。

长喙沙蜂和蜂麻蝇的游戏

法布尔居住的村子旁

有一个苍蝇村。

苍蝇村里除了树木和野花之外，

还有成堆散发着恶臭的垃圾。

但对苍蝇来说，这里简直就是天堂。

苍蝇村里住着麻蝇、果蝇、丽蝇等各种苍蝇。

不同种类的苍蝇和平相处，过着安逸的生活。

斑眼食蚜蝇、黑带食蚜蝇等也都在这里生活。

可是，有一天，

苍蝇村里发生了一件令人担忧的事情：

一只长喙沙蜂搬到了附近的沙地上。

自从长喙沙蜂搬来后，

苍蝇和食蚜蝇们再也不敢放心地出门了。

"听说那个叫长喙沙蜂的家伙，

攻击速度快得惊人，

稍不小心就会被她抓走！"

"对！对！而且她的手段非常残忍，

不但在我们的身上施毒针，

还会扭断我们的脖子，

甚至会咬碎我们的身体！"

苍蝇和食蚜蝇们只要一碰面，

就不停地议论长喙沙蜂。

"听说因为长喙沙蜂嘴巴长长的，
与一种猴子的鼻子很像，
所以才叫这个名字。"
"我在沙地上看到过一次
那家伙挖沙坑的样子。
她挖沙的速度快得就像
一条狗挖埋在土里的骨头一样！"
大家都害怕遇见长喙沙蜂，
整天提心吊胆的。
为此，苍蝇村召开了全员大会，
最年长的果蝇主持会议，
和大家商量怎么对付长喙沙蜂。

"苍蝇们！食蚜蝇们！

我们曾经和睦快乐地生活在这个村子里，

但是，自从我们的天敌长喙沙蜂出现，

我们的生活失去了以往的欢乐。

我们需要先了解一下长喙沙蜂是什么样的昆虫，

再来商量如何打败她。

首先，我们来听听斑眼食蚜蝇的调查报告！"

这时，长得很像蜜蜂的斑眼食蚜蝇站了起来，

开始朗读有关长喙沙蜂习性的调查内容。

"通常，长喙沙蜂抓到我们后

会把我们关在她的家里，

并在我们身上产卵。

长喙沙蜂幼虫从卵里孵化出来后，

就会吃我们的肉。

而且，长喙沙蜂幼虫从出生到化蛹前，

一共要吃 60 多只苍蝇或者食蚜蝇。

也就是说，长喙沙蜂越多，

我们的生活就越糟糕。"

当听到斑眼食蚜蝇说"60 多只"时，

大家全都惊呆了。

"不管怎么样，我们一定要除掉那个家伙！

要不然，长喙沙蜂会越来越多，

到时候我们全都会成为长喙沙蜂幼虫的食物！"

听完斑眼食蚜蝇的报告，

参加会议的苍蝇和食蚜蝇们开始嗡嗡嗡地议论起来。

"那么，谁能代表大家去打败长喙沙蜂呢？"

果蝇询问大家的意见，

会场顿时鸦雀无声，

安静得连彼此的呼吸声都听得一清二楚。

"我觉得麻蝇或者长脚丽蝇

最适合去和长喙沙蜂打架，大家认为呢？"

黑带食蚜蝇话音刚落，

麻蝇呼地站起来说：

"就算我们平日里很爱打架，

但是我们也不敢和长喙沙蜂对抗。

长喙沙蜂既强壮又敏捷，

我们根本不是她的对手。"

“对！对！对！我们村子里的所有苍蝇
都不是长喙沙蜂的对手，
我们必须请别的昆虫来帮忙！”
大家都点头赞同这个提议。
最后，大家决定派色彩绚丽的黑臀丽蝇
代表苍蝇村的村民去山那边的村子
寻求支援。
苍蝇村的苍蝇和食蚜蝇们都期待着
黑臀丽蝇能带回厉害、勇敢的救星。

几天后，黑臀丽蝇终于回来了。

"咦？这是谁呀？

她们不是蜂麻蝇吗？"

黑臀丽蝇带回来的救星

竟然是 3 只娇小的蜂麻蝇。

"这么柔弱、娇小的蜂麻蝇，

怎么打得过强大的长喙沙蜂呢？"

"她们既没有厉害的武器，又飞不快，

找她们来能干什么？"

苍蝇和食蚜蝇们根本不信任这些蜂麻蝇。

"哈哈！你们不用担心！

我们会帮你们打败那只长喙沙蜂的。

看来，你们还不知道，

长喙沙蜂最怕我们蜂麻蝇了。"

蜂麻蝇们一边得意扬扬地说着，

一边吩咐苍蝇们多拿一些好吃的给她们享用。

第二天，蜂麻蝇们告别了浩浩荡荡的欢送队伍，

向长喙沙蜂的住所出发了。

蜂麻蝇们仔细地搜索沙地的每个角落，

寻找长喙沙蜂的洞穴，

"就是这里！应该没错！

嗯，长喙沙蜂好像外出捕猎了。"

蜂麻蝇们躲在长喙沙蜂的洞穴附近，

静静地等待着长喙沙蜂归来，

那模样就像是为了袭击过路人

而隐藏起来的强盗。

不久，长喙沙蜂抱着猎物飞回来了，

她刚要进家，

突然觉得气氛有点儿不对劲。

"嗯，好像有不速之客躲在我家附近！"

原本要回家的长喙沙蜂

赶紧抱着猎物又飞了起来。

蜂麻蝇们也看到了长喙沙蜂。

"回来了！还抱着猎物呢。"

蜂麻蝇们目不转睛地盯着长喙沙蜂

和她手中的猎物。

可是，长喙沙蜂不停地在空中盘旋。

"哼，看谁能赢过谁！"

蜂麻蝇们站在地上一动不动地

盯着长喙沙蜂，

等长喙沙蜂谨慎地飞下来

快要靠近地面时，

3 只蜂麻蝇不约而同地跟在长喙沙蜂身后

一起飞了起来。

长喙沙蜂又赶紧往高处飞去，

蜂麻蝇们则紧追不舍。

长喙沙蜂突然改变了飞行方向，

蜂麻蝇们也随即跟着变换方向，

她们就好像进行飞行表演的飞机一样，

排成一排在空中飞翔。

长喙沙蜂掉头，蜂麻蝇们就跟着掉头，

长喙沙蜂向前飞，蜂麻蝇们也跟着向前飞，

蜂麻蝇们紧跟长喙沙蜂，

并且不停地模仿长喙沙蜂的飞行动作。

"哎呀！真是群难缠的讨厌鬼！"

突然，长喙沙蜂用力拍打翅膀，

一下子飞了很长一段距离。

"如果我飞得再快些，她们肯定跟不上，

要么迷路，要么就放弃跟踪了。"

长喙沙蜂暗自高兴，全力飞了起来。

可是，聪明的蜂麻蝇们不慌不忙地

飞到了长喙沙蜂家附近。

"不用费力跟着她，

反正最后她还是要回家的，

毕竟她的孩子正饿着肚子呢！

哼，看她能飞到哪儿去！"

蜂麻蝇们决定守株待兔，

她们坐在长喙沙蜂家门口，

一边休息，一边等着长喙沙蜂飞回来。

果然和蜂麻蝇们预料的一样，过了一会儿，

长喙沙蜂又飞回来了，

当然，她仍然抱着猎物。

"啊！这些不知羞耻的家伙，

怎么还没离开！

竟然还在这里等着我！"

长喙沙蜂刚想飞下来，

蜂麻蝇们又跟了上去。

只见长喙沙蜂不停地在空中盘旋，变换着方向，

但是，蜂麻蝇们始终紧紧地跟着她。

"呼……好累呀！我快撑不下去了，
不能再这么飞来飞去了。"
长喙沙蜂实在太疲惫了，
她打算就这么回家了。
"我得动作快点儿，
防止蜂麻蝇们跟在我后面进去。"
长喙沙蜂打开洞口，
想尽快把猎物送进去。

说时迟，那时快，

当长喙沙蜂的上半身进入洞口时，

她抱着的猎物依旧露在外面。

蜂麻蝇们飞快地冲过去，

在长喙沙蜂的猎物上产下了自己的卵，

这一切就发生在长喙沙蜂进入洞口的一瞬间。

即使长喙沙蜂把洞口开得再小，

进入洞穴的速度再快，

都没有用，

因为蜂麻蝇产卵的速度快得就像闪电一样。

"好啦，我们可以回去了！"
蜂麻蝇们大功告成，回到了苍蝇村。
至于进到洞里的长喙沙蜂，
根本没有发现蜂麻蝇已经在她的猎物上产了卵。
"啊，终于甩掉她们了，
蜂麻蝇真是一群烦人的讨厌鬼！"
长喙沙蜂赶紧把自己捕获的
带有蜂麻蝇卵的猎物给幼虫吃。
刚刚从卵里孵化出来的长喙沙蜂幼虫
一小口一小口地吃了起来。
接下来的几天，
蜂麻蝇们每天都来找长喙沙蜂，
每天都和长喙沙蜂玩捉迷藏的游戏。

快点儿快点儿躲起来，
不要露出你的触角，
快点儿快点儿躲起来，
不要露出你的屁股。

你躲得再好也没用，
我们还是能找到你。
你躲得再深也没用，
你跑得再远也没用，
我们一样能找到你。

蜂麻蝇们一边嘲笑长喙沙蜂，

一边不停地追赶她，

虽然长喙沙蜂总是拼了命地逃，

可是，捉迷藏的游戏每次都是蜂麻蝇们获胜。

蜂麻蝇们从来没有错过产卵的机会，

长喙沙蜂进入洞口的一瞬间，

她们都会在长喙沙蜂的猎物上产下自己的卵。

过了几天，长喙沙蜂的家里，

除了她的幼虫外，还出现了其他幼虫，

那就是蜂麻蝇幼虫。

蜂麻蝇幼虫的身体呈透明状，

身体构造清晰可见。

长喙沙蜂不断地捕获猎物，放进洞里，

可是，吃到猎物的总是蜂麻蝇幼虫，

每次都是 6 只蜂麻蝇幼虫

和 1 只长喙沙蜂幼虫抢一份苍蝇大餐。

蜂麻蝇幼虫虽然体形很小，

但是食量大得惊人，

长喙沙蜂幼虫因此

每天都饿着肚子。

"妈妈！快点儿给我送些食物来，
我都快饿死了。"
长喙沙蜂幼虫越来越虚弱，
但是，就算长喙沙蜂抓回再多的猎物，
也无法让自己的幼虫吃饱。

蜂麻蝇幼虫吸收了大量的营养，
都健康地长大了，
然后开始化蛹。
"啊！可算剩下我自己了，
这下好了，这些家伙都变成了蛹，
不会再跟我抢食物了，
我可以自己慢慢享用妈妈捉来的猎物了。"
可是，长喙沙蜂幼虫的快乐时光并没有维持太久，
因为长喙沙蜂捉来的猎物上
带着蜂麻蝇新产的卵。
很快，另一批孵化出来的蜂麻蝇幼虫
又开始抢长喙沙蜂幼虫的食物了。

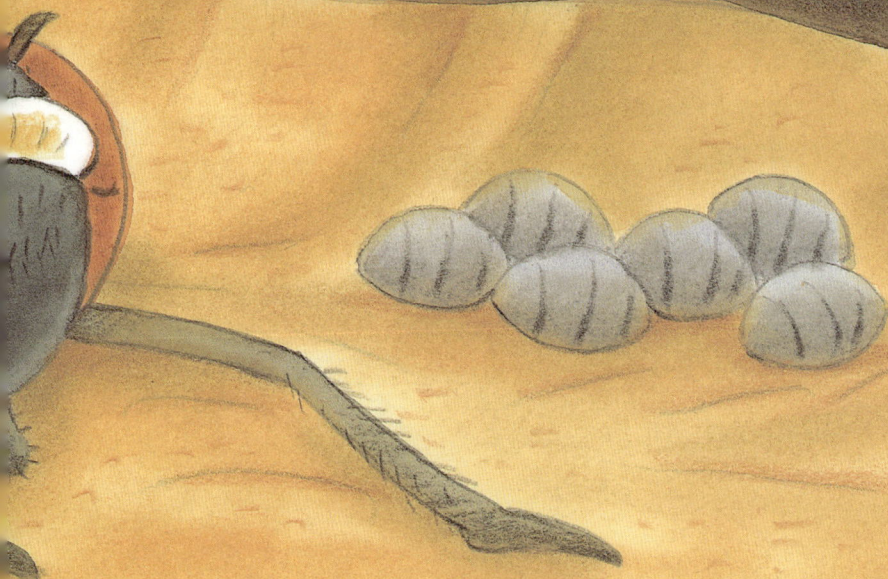

眼看长喙沙蜂幼虫也到了化蛹的时候了，
可是，这只幼虫却没有正常幼虫的一半大，
甚至连吐丝做茧的力气也没有，
因为食物全都被抢走了，
这只幼虫的身体非常虚弱，
最后，长喙沙蜂幼虫死在了
蜂麻蝇的蛹之间。
所以，长喙沙蜂最害怕的昆虫就是蜂麻蝇，
不管怎么驱赶，也赶不走，
她们会在长喙沙蜂为幼虫捕捉的猎物上产卵，
让长喙沙蜂的幼虫无法顺利长大。

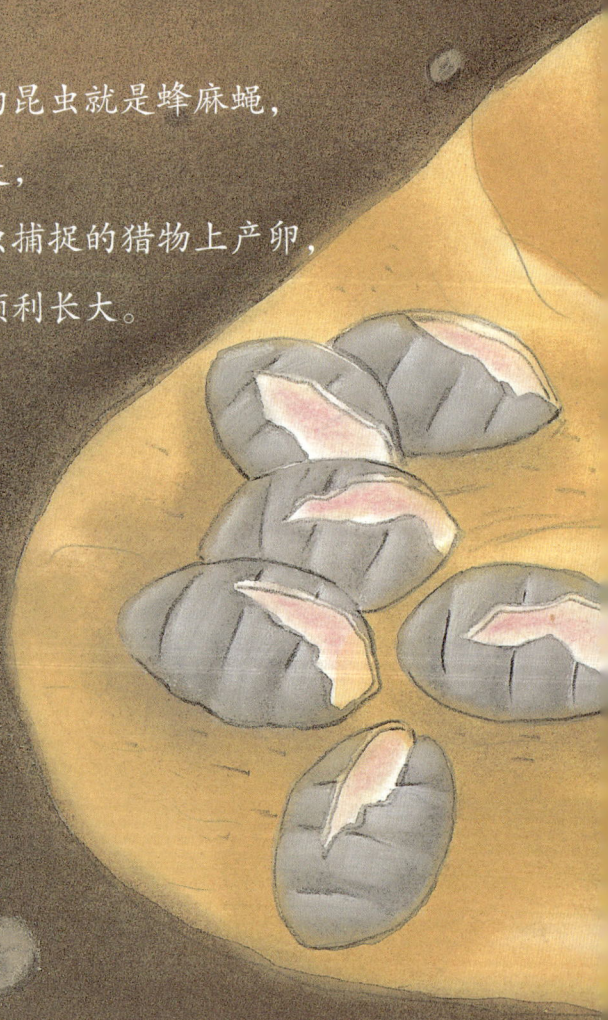

苍蝇村又恢复了往日的安宁时光。

"你知道吗？

听说长喙沙蜂幼虫被饿死了！"

"我也听说了，

是蜂麻蝇幼虫把食物全都抢走了！"

苍蝇和食蚜蝇们开心地聊着，快乐无比。

"天哪！没想到小小的蜂麻蝇

竟然是长喙沙蜂的头号敌人！"

"对啊！蜂麻蝇真了不起，

托她们的福，以后我们又可以过

无忧无虑的生活啦！"

蜂麻蝇受到了苍蝇村村民的热情款待，

并在苍蝇村住了下来，

当然，并不是所有的长喙沙蜂都消失了。

但是，因为有了蜂麻蝇，

长喙沙蜂的数量并没有继续增加，

苍蝇和食蚜蝇也维持了适当的数量。

麻蝇的美餐

通常，农夫们不喜欢鼹鼠，

因为鼹鼠会把他们的菜园子弄得一塌糊涂。

天气越来越暖和的晚春，

一只鼹鼠死在了菜园子里，

可能是在捕捉蚯蚓时

被农夫用铁锹打死的。

鼹鼠的尸体被扔在菜园子的角落里，

在阳光的照射下，慢慢地开始腐烂。

这时候，一只麻蝇恰巧飞过，

闻到了尸体腐烂的味道。

"哈哈！这不是鼹鼠腐烂的味道吗？

腐烂到了刚刚好的程度！"

麻蝇找到鼹鼠尸体以后，便落在了尸体上，

然后轻轻地将屁股靠在鼹鼠尸体上，

每靠一次，就会产下一只幼虫。

"孩子们，赶快躲到鼹鼠的肉里去吧。"

幼虫们听了妈妈的话，

便飞快地钻进了鼹鼠的肉里。

麻蝇并不产卵，而是直接产下幼虫，

因为卵已经在麻蝇体内完成孵化了。

刚刚孵化出来的麻蝇幼虫融融

一出生就掉在了鼹鼠尸体上，

接着便钻进鼹鼠身上的褶皱处，

迅速地藏了起来。

产下幼虫的麻蝇不停地叮嘱宝宝们：

"你们尽可能多吃点儿，

这样才能快快地长大。

但是，你们一定要记住，

千万不要太贪心，

吃得差不多了就马上钻到土里去化蛹，

听明白了吗？"

"知道了！妈妈，您不用担心！"

在所有的幼虫里，

只有融融认真地回应妈妈，

其他幼虫都在忙着吃鼹鼠肉，

根本没有用心听妈妈的忠告。

融融开始用尖尖的嘴巴吸食鼹鼠的肉汁。
事实上，麻蝇幼虫不是用牙齿嚼鼹鼠肉，
而是用口腔中的消化液
将肉化成肉汁后再咽进肚子里。
有时，他们因为化了太多的肉汁，
自己的整个身体都浸在了肉汁里，
这时他们就将尾部抬起来呼吸。

麻蝇幼虫的尾巴上有两个很深的洞，

那是他们用来呼吸的气门。

气门旁放射状的纹路就像一顶皇冠。

麻蝇幼虫呼吸时，

他们的尾巴就会收缩或放松，

"皇冠"也会随之收缩或打开。

麻蝇幼虫可以让身体完全倒立，

一边进食，一边呼吸。

他们不知道自己究竟吸食了多少肉汁，

只知道为了赶快长大，他们需要不停地吸食肉汁，

如果没有我们，
世界会变成什么样？
这个世界可能堆满了
动物的尸体；
这个世界可能
因为到处都是垃圾
而变得肮脏无比。

别说苍蝇肮脏，
也别说蛆恶心，
因为有了我们，
这个世界才
如此干净，
我们麻蝇幼虫就是
勤快的清洁工。

麻蝇幼虫一边愉快地唱着歌，

一边吸食着香喷喷的鼹鼠肉汁。

太阳高高升起，

阳光照射着鼹鼠尸体上的麻蝇幼虫。

"呀！太阳出来了！大家赶快躲起来吧！"

麻蝇幼虫纷纷向尸体的下方爬去，

融融也跟着大家躲到了阳光照不到的地方。

麻蝇幼虫十分不喜欢阳光，

他们只适合在阴暗处生活。

几天来，融融的身体长大了很多，
已经到了可以化蛹的时候了。
"我现在应该钻进土里。"
但是，其他幼虫
还不想变成蛹。
"我们还想再吃点儿好吃的肉汁，
等我们吃够了再去化蛹也不迟。"
"但是，妈妈临走时不是告诉过我们，
不能太贪心吗？"
融融劝说身旁的兄弟姐妹，
但是谁都不听她的话。

无奈，融融只好自己钻进了
鼹鼠尸体下面的沙地里。
融融在地下变成了蛹，
进入了甜甜的梦乡。

其他麻蝇幼虫仍然

在拼命吸食鼹鼠肉汁。

在一旁的草丛里，

一只昆虫正虎视眈眈地盯着这些麻蝇幼虫。

"嘿嘿！快吃吧，快吃吧！

那样才能长得肥肥胖胖的，

才又好吃又有营养。"

这只有着闪亮背壳的昆虫就是阎甲，
他一直藏在鼹鼠尸体旁边的草丛里，
耐心地等着这些麻蝇幼虫吃得又肥又胖。
"嗯，差不多可以吃了，
他们现在已经够胖了。"
阎甲从藏身的地方爬出来，
开始捕杀麻蝇幼虫。
只见他悄悄地靠近麻蝇幼虫，
然后用大颚狠狠地咬住其中一只。
"阎甲来了！大家快逃啊！"
麻蝇幼虫蠕动着身体开始逃跑。

阁甲又追去咬住了一只麻蝇幼虫。

肥肥嫩嫩的麻蝇幼虫全无反抗之力，

虽然他们拼命地挣扎，

但是，阁甲实在是力大无比，

麻蝇幼虫怎么也逃脱不了他的大颚。

"哎呀！真应该听妈妈的话呀！"

"妈妈明明说过不可以太贪心的！"

因为贪吃而留在鼹鼠尸体上的麻蝇幼虫，

就这样被阁甲一只一只地吃掉了。

等鼹鼠肉汁渐渐地被太阳晒干以后，

躲在肉汁里的麻蝇幼虫

也都成了阎甲的食物，

只有一小部分麻蝇幼虫活了下来。

如果没有阎甲，

情况会怎么样呢？

麻蝇幼虫一般经过一两周就可以长成麻蝇成虫，

长大的麻蝇又会产下许多幼虫。

如果照这样繁殖下去，

整个世界就会变成麻蝇的天下了。

正是有了阎甲这样的天敌，

麻蝇的数量才得到了控制。

融融全然不知自己的大多数兄弟姐妹

已经被阎甲吃掉的事情,

她不停地挣扎着、蠕动着身体,

忙着从蛹壳里钻出来。

融融两眼之间的鼓包在不停地伸缩,

这是因为血液在这个鼓包里流动。

麻蝇破壳而出时,

先出来的头集中了身体大部分的血液,

这样一来,身体就缩小了许多,

也就比较容易钻出来了。

"哎呀!好累!

原来长大的过程这么辛苦啊!"

融融挣扎了两个多小时后，

终于从蛹壳里挣脱出来了。

不过，现在她还不能展开翅膀，

因为她还在地下，

如果现在就展开翅膀。

翅膀可能会妨碍她钻出地面，甚至会被弄伤。

"加油！加油！再用一点儿力！"

融融头部的鼓包仍然在不停地伸缩，

她使劲用头顶开沙土，

慢慢地往外钻。

终于，融融钻出了地面，

新鲜的空气扑面而来。

她必须先抖落沾在头上的沙土。

只见她不停地搓着两只前足，抖动头部，

那样子就像在祈求饶恕。

虽然这个动作看起来很可笑，

但是，如果不把鼓包上的沙土抖干净，

等收鼓包时，

一不小心把它们收进脑袋里就糟糕了。

"呼啦！呼啦！"

最后，融融展开了翅膀。

现在，她变成了一只真正的麻蝇。

融融像飞机一样神气地飞上了天空，

"不知道兄弟姐妹们现在怎么样了，

他们在我后面化的蛹

可能还在呼呼大睡吧！"

融融一边悠闲地飞行，一边向下看。

这时候，她看到了自己吃过的那只鼹鼠的尸体，

融融轻轻地落在了鼹鼠尸体上。

只剩下皮和骨头的鼹鼠尸体上

聚集着许多昆虫，

有皮蠹、隐翅虫、衣蛾和埋葬虫等。

最后，鼹鼠只剩下了白色的骨头。
鼹鼠的骨头会随着雨水的冲刷
慢慢地埋进土壤里，为土壤提供养分，
而植物能吸收土壤里的养分快速成长。
看着鼹鼠的尸体，融融暗暗地想：
"鼹鼠活着的时候虽然不受农夫待见，
死了以后却成了许多昆虫和植物的美餐！"
为了产下自己的幼虫，
融融高高地飞了起来，
开始了她寻找动物尸体的旅程！

我的昆虫观察笔记

请用文字或图画记录你的所见所感。

불쌍한 노예개미들 by Susanna Ko (author) & Se-jin Kim (illustrator)
Copyright © 2002 Bluebird Child Co.
Translation rights arranged by Bluebird Child Co. through Shinwon Agency Co. in Korea
Simplified Chinese edition copyright © 2025 by Beijing Science and Technology Publishing Co., Ltd.

著作权合同登记号　图字：01-2005-3599

图书在版编目 (CIP) 数据

法布尔昆虫记. 战争狂橘红悍蚁、窃食者蜂麻蝇与嗜尸者麻蝇 / （韩）高苏珊娜编
著；（韩）金世镇绘；李明淑译. 一北京：北京科学技术出版社，2025.1
ISBN 978-7-5714-2914-0

Ⅰ . ①法… Ⅱ . ①高… ②金… ③李… Ⅲ . ①昆虫 – 儿童读物②蚁科 – 儿童读物
Ⅳ . ① Q96–49 ② Q969.54–49

中国国家版本馆 CIP 数据核字 (2023) 第 031313 号

策划编辑：徐乙宁
责任编辑：郭嘉惠
封面设计：包荧莹
图文制作：天露霖
出 版 人：曾庆宇
出版发行：北京科学技术出版社
社　　址：北京西直门南大街 16 号
邮政编码：100035
电　　话：0086-10-66135495（总编室）
　　　　　0086-10-66113227（发行部）
网　　址：www.bkydw.cn
印　　刷：保定华升印刷有限公司
开　　本：787 mm × 1092 mm 1/16
字　　数：91 千字
印　　张：7.25
版　　次：2025 年 1 月第 1 版
印　　次：2025 年 1 月第 1 次印刷
ISBN 978-7-5714-2914-0

定　　价：299.00 元（全 10 册）